动物园里的朋友们

（第三辑）

我是树懒

［俄］安·科莫洛夫 / 文

［俄］德·科罗琴科 / 图

刘昱 / 译

江西美术出版社

全国百佳出版单位

我是谁?

　　我是树懒!我这个名字可不是随便起的:你可能会觉得,我做一切事情都非常慢,才不是呢!你起床、锻炼、刷牙、吃早饭、上学、回家、吃午饭、散步的这段时间,我能爬到离我20厘米远的地方,吃到鲜美的树叶呢!

　　你能长时间脑袋向下,挂在单杠上吗?我可以在树枝上荡一整天!脑袋不会晕,脚掌也不会累!我的大小和狗狗差不多,几乎一生都在树上度过,我的祖先大地懒比大象还大,用两个后肢在地面上行走!你能想象得到吗?

5只树懒的体重加起来和你的差不多。

树懒身长50~75厘米。

大自然中生活着 **6** 种树懒。

我们的居住地

　　我非常喜欢炎热潮湿的气候，因此我住在热带雨林里。中美洲和南美洲的气候对我来说再合适不过了，快到我这儿来做客啊！

　　我的堂兄——侏三趾树懒，仅在巴拿马的博卡斯德尔托罗省的一个小岛——埃斯库多·德·维拉瓜斯岛上生活。科学家们在2001年发现了他们。现在地球上侏三趾树懒的数量稀少，他们已经被列入濒危动物红皮书了。

　　很多人都问我：为什么你做所有事情都这么慢呢？周围有那么多好吃又有趣的东西等着你去发现。我回答道：当然有很多好吃的东西，但周围危险重重，我可不能着急。我好像一直在度假：早上起得很晚，晚上睡得很晚，有时甚至一晚上都不睡觉，到早上再打个盹儿。

最长寿的树懒不久前年满 **50** 岁了
——相当于人类的 **140** 岁。

科学家将树懒科
分为两个属：
　二趾树懒属和
　三趾树懒属。

我们的绿毛

你看，我毛茸茸的。我的毛又长又密。我们是世界上唯一一种毛从腹部向后背生长的动物！这可方便极了：当我倒挂在树枝上时，如果森林里下了雨，雨水就会从肚皮流向后背，落在地上，我们不会被弄湿！

树懒的年纪越大，毛的颜色越绿。

如果你仔细观察我们，就会发现，我们的毛是非常美丽的绿色。这样一来，我们就很容易藏在树林里。最有趣的是，我们的毛里生长着蓝绿色的藻类，所以我们的毛才呈绿色！真是非常天然的颜色！我非常喜欢！

我的毛里还生活着蛾子和一些昆虫。因此我一点儿也不无聊，一点儿也不孤独！

树懒的毛大约长15厘米。

我们的牙齿和爪子

　　我有18颗一模一样的牙齿，因此我不用去记"门牙""犬齿""臼齿"之类的名称。我的牙非常坚硬、锋利，咬下树叶十分方便。如果我亲你的脸一下，你的脸会破的。要小心啊！我的前爪和后爪都非常长！我用四肢走路非常困难，但如果用来钩住树枝，那可太方便了！粗粗的爪子弯弯的，看起来不是很漂亮，但如果我用爪子钩住树枝，你根本无法把我拉下来！

树懒的后肢有 **3** 根趾头，

前肢有 **2** 根或者 **3** 根趾头。

树懒的爪子长
7.5 厘米左右。

　　我的脖子也与众不同！地球上大多数哺乳动物的颈部有 7 块椎骨，就连长颈鹿也是这样。但我们三趾树懒有 8 块，甚至 10 块椎骨。因此，我们的脖子可以扭转 270 度！不用从树枝上下来我就能观察到四面八方。正所谓"挂"得高，看得远！

我们的感官

　　说实话，我的视力不太好。但是比起很多只能分辨黑白的动物，我还是可以区分不同颜色的，在黑暗中也能看见。

　　我眨眼的速度也很慢。有句俗语是这样说的："太快了，连眼睛都没来得及眨一下！"——这说的肯定不是我。

　　我眨眼的时候，你可能已经收拾完屋子里的玩具了。为了不错过重要的事情，有时我们一只眼眨完了，才眨另一只眼。

树懒听低音的能力很强。

树懒只能看到距离
不超过
1 米远的地方。

　　我的嗅觉很灵敏。我闭上眼睛也能够通过气味分辨出不同的树叶。
就连香芹和茴香也能够分辨出来！
　　我不是很善谈，有时会发出沙沙声，或者用鼻子发出呼哧呼哧的声
音。但如果我受到惊吓，会像小孩子一样大叫。

树懒的爬行速度
是蜗牛的 **30** 倍。

我们不着急

从树上下来要耗费我们很多体力，就好像你跑了一个半小时一样。热带雨林的树木没有电梯，我们在树枝上绕个圈，然后跳下来，砰——已经到地面上了！

树懒一天运动
2 个小时。

2 米 / 分钟

树懒能够在 **20** 分钟内爬上 **10** 层楼高的树。

我们的四肢很长，走路不方便。在地上我们只能爬，而且速度非常慢——1分钟爬2米，是飞人博尔特速度的1/300。爬树比走路的速度快1倍，但还是很慢。比较一下：你跑8千米只需花1个小时，而我要花整整两个月！

我的脚掌很厚。我可以用一只爪子挂在树上，不过我可不想当杂技演员，还是用两只爪子挂在树上方便一些。

树懒的游泳速度
是爬行速度的 **3** 倍。

我们会游泳

我们树懒游泳的速度很快！没错，我会游泳！

热带雨林中经常发洪水，地面变成汪洋，有时我得从一棵树游到另一棵树。我游泳的速度比爬树快多了。我潜水的能力也很强，可以屏住呼吸整整 20 分钟！

但我并不是很喜欢在水里游。在热带雨林中，下雨是家常便饭，我不得不藏在茂密的树林里。雨季来临的时候，我们就挂在树上淋着雨，真怀念天晴的日子。

树懒潜水的
时长是专业运动员
的 **3** 倍。

我们的食物

你想吃饭时，要先去商店购物，然后洗手、做饭，最后才能吃。而我四周食物环绕，方便极了！我可以吃树叶，尝尝小虫，鸟蛋是我们的甜点。

我的动作很慢，代谢也很慢，食物的消化过程更慢。我的牙无法细细咀嚼食物，所以我的胃可以帮我"咀嚼"食物。

树懒可以吃的树叶有

90 多种。

　　想象一下，我吃得很多，我的胃占了体重的2/3！如果人类也像我们这样，那么你们一天要吃50千克食物。

　　树叶水分含量很充足，所以我几乎不喝水。有时会舔舔露水。

树懒可以整整

1个月不吃东西。

我们睡觉的地方

你是不是觉得，既然我是树懒，那么一定睡得很多？完全正确！我非常喜欢睡觉。

你和家人在哪里睡觉？你在床上，奶奶在摇椅上，爸爸看着电视在沙发上睡着了。我在树杈上睡觉，背靠着一根树枝，爪子钩住另一根树枝，真舒服啊！

更舒服的是用4只爪子抓住树枝，把脑袋埋在胸脯里，睡上半天。在热带雨林中，我们一天睡10个小时，在动物园里，一天睡15个小时！因此你经常看见我在睡觉。不要叫我，我正在做梦呢，梦里的我也很慢很慢……

二趾树懒通常在夜间活动，
三趾树懒通常在白天活动。

树懒的体温
在夜间会下降。

当我是一只小树懒的时候

你能想得到吗？我是在树上出生的！

小猫和小狗刚出生时什么也看不见，小鸟刚孵化出来的时候没有羽毛，而我一出生就能看见，而且身上有厚厚的毛。

前几个月，我住在妈妈的肚子里，妈妈挂在树上，我抱着妈妈的肚子，在那里睡觉！妈妈给我喂奶，之后给我喂鲜美的树叶。妈妈的饮食习惯我记得清清楚楚，直到现在我也只吃小时候妈妈喂给我的这几种叶子。因此，树懒们可以在一起生活，因为我们吃不同的树叶。

但动物园的工作人员可伤透了脑筋：我们从来不吃那些吃不惯的树叶，而在动物园里，想找到我们爱吃的树叶并不容易。

树懒 **2.5** 岁的时候就成年了。

刚出生的树懒宝宝的
体重是树懒妈妈的
1/20~1/10。

在水中，鳄鱼会捕捉树懒。

我们的天敌

　　我非常善良，爱好和平，谁都不讨厌。通常，我独自生活，有时，我们几只树懒在同一棵树上生活、吃饭、睡觉，但是互不打扰。但我有很多敌人：陆地上的敌人有美洲豹和美洲狮。他们的爬树本领很强，很容易抓住待在低矮树枝上的树懒，所以，我比较喜欢爬到高处。

　　但不能爬太高，在树冠处我们会成为凶猛的鸟类的盘中餐。因此，我喜欢待在茂密的树叶里，几乎没有动物能发现我。但不要以为我不能保护自己，看见我的爪子了吗？如果我用爪子抓了谁，那他可就遭殃了！

树懒的敌人——砍伐热带雨林的人类。

你知道吗？

11 000 年以前，热带雨林里生活着巨大的树懒——它们的大小和大象差不多，甚至比大象还大！

它们被称作"大懒兽"，拉丁语的意思是"巨大的野兽"。大懒兽也吃树叶，它们还可以用巨大的爪子挖出植物的根。爪子有30厘米长——和一支半铅笔差不多！大懒兽爬树很困难，因此它们用后肢在陆地上走路。

现在的树懒只保留了祖先们又粗又长的爪子！

没错，树懒的爪子十分显眼！想象一下，你手上的指甲和成年人的手掌一样长，这样一定会影响你的正常生活！但大长爪子对树懒可是再好不过了！树懒可以用爪子挂在树上，从树上摘叶子，或者爬到树枝上！

树懒的手指连在一起，没有爪子它们无法生活！

科学家根据树懒前掌趾甲的数量将它们分为两属：三趾树懒（你已经猜到了，它们每只前掌有3根趾甲）、二趾树懒（它们每只前掌有2根趾甲）。

如果你懒得数趾甲，那么来看看树懒们有没有尾巴吧！

看不见尾巴？那么，你面前的是二趾树懒！

三趾树懒的尾巴长5~8厘米，和半根冰棒差不多长，或者稍长一些。还可以比一比树懒们的大小：二趾树懒比三趾树懒长10~15厘米，重2千克左右。

三趾树懒有 **4** 种，二趾树懒有 **2** 种。来认识一下它们吧，看看谁的爪子更大。

最小的三趾树懒叫作侏三趾树懒。它的身长只有0.5米左右！科学家们2001年在巴拿马的一个小岛上发现了它们，但还没有仔细研究过这种动物。现在大自然里仅剩下大约500只侏三趾树懒！

侏三趾树懒的毛是褐色的，额头上有亮黑色条纹！

褐喉三趾树懒也有黑色标记。你可能认为它们的脖子是褐色的，实际上褐喉三趾树懒的额头和脸颊才是黑褐色的，眼周还有黑色条纹。与树懒妹妹不同的是，树懒弟弟后背肩胛骨中间有黑色的毛。

鬃毛三趾树懒的后颈部毛上有条纹，和套在狗身上的绳子很像。

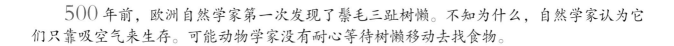

500年前，欧洲自然学家第一次发现了鬃毛三趾树懒。不知为什么，自然学家认为它们只靠吸空气来生存。可能动物学家没有耐心等待树懒移动去找食物。

三趾树懒的拉丁语
的意思是"很慢的腿"！

白喉三趾树懒生活在南美洲北部的热带雨林。它们属于三趾树懒属。它们还有一个名字——啊咿。清晨或者傍晚你能听到悲伤的叫声从高高的树枝上传来，就像婴儿的哭声："啊咿——啊咿——啊咿"，这是树懒发出的声音。

生气的树懒不喊叫，而是发出
巨大的呼哧呼哧的声音！

白喉三趾树懒弟弟很时尚，爱赶时髦，它们的背上有橘黄色的斑点和竖直的黑色条纹。每一只树懒的斑点都各有不同，可不要弄混了！

白喉三趾树懒有鬃毛，
虽然不像狮子那样，
但也非常显眼！

你还记得前掌有两根趾甲的树懒吗？那是二趾树懒。二趾树懒属下面包括两个种：林氏二趾树懒和霍氏树懒。林氏二趾树懒脸很短，眼睛小小的，呈褐色，耳朵藏在厚厚的毛里。林氏二趾树懒的毛是棕色或者驼色的。

霍氏树懒的毛呈黑褐色
或者黄色：头上的毛颜色浅，
胸口的毛颜色深。

二趾树懒宝宝长得很慢——为什么要着急呢？出生后的头两个月，它们用爪子钩住妈妈肚子上的毛，挂在妈妈身上，因此妈妈几乎一动不动，生怕孩子掉下去。9个月大时，二趾树懒宝宝会爬到另一根树枝上。

为了不让妈妈忘记自己还挂在肚子上，侏三趾树懒宝宝会不时小声地叫几下。

三趾树懒也不急着长大。出生后的头两个月它们只喝妈妈的奶。稍大一点儿它们开始学习吃树叶。一开始，它们只舔妈妈嘴里的树叶汁，随后试着自己咀嚼树叶。树懒6个月大时已经可以独自生活。

有趣的是，树懒长大后
和自己的妈妈吃同样的树叶！
每一种树懒的菜单上
有大约 **40** 种树叶。
除此之外，不吃别的！

二趾树懒对食物并不是很挑剔——人类给什么，它们就吃什么：水果、蔬菜、绿叶、鸡蛋，甚至是奶渣和肉。这也是为什么动物园里大多是二趾树懒。

只要树上有食物，树懒就不会下来！
它们一个星期从树上下来一次，
到地面上来上厕所。
有些树懒可能一个星期也不下来一次。

对于树懒来说，从树上下来更像是冒险，因为地面上太危险了。而且树懒都是在同一个地方排便，之后还要把便便盖起来，这对它们来说似乎很重要。树懒下树时背部向下。

树懒和其他生活在树上的动物不同，

这些动物下树时都是背部朝上。

如果树懒要跳到另一棵树上，它们一定会仔细寻找两棵树临近的树枝，防止自己掉到地上。

当然，树冠上安静得多，
而且树懒的毛色和树冠也很接近，
不易被发现。

树懒的毛是绿色的，这可不是因为脏。用显微镜观察树懒毛的缝隙，可以看见蓝绿色藻类组成的"热带雨林"。

树懒身上除了藻类，
还有真菌，正是它们
给树懒的毛增添了绿色。

蛾子在树懒身上快乐地生活，它们叫作树懒蛾。除了树懒蛾，有时还有一些昆虫在树懒长长的毛里盖房子。这些昆虫以藻类为食，不会让藻类疯长。

科学家们试着数清楚一只树懒身上可以生活
多少只昆虫，数呀数呀，数出了将近
1000 只！为什么树懒身上有这么多
昆虫？不明白……

关于树懒还有许多谜题没有解开。比如，大家都不知道为什么树懒的头骨分为两部分，只有一部分有大脑，另一部分是空的。也许是为了储存东西？

也许是因为树懒的祖先非常聪明？

也许再过几千年，树懒会变得更聪明，

那时头骨的另一部分就会有大脑了！

树懒还有另外一个秘密——体温不恒定。如果你生病了，体温就会上升，其他时间则会保持正常的体温——36.6℃左右。但树懒的体温会根据周围环境的温度在20~35℃之间产生变化。很少有哺乳动物会这样！

天气很冷时，很多动物都会靠发抖

来取暖，但是树懒的肌肉很少，

所以它蜷缩起来取暖。

树懒的身体构造十分巧妙。比如，它们的胃很大，因此树叶可以在里面消化很长时间——长达1个月。但也有可能是因为它们吃得太多，导致1个月都不想吃东西！

树懒并不胖！它们的脂肪

并不是积累在皮肤下，

而是储存在掌的肉垫处。

树懒的秘密太多了！人们认为懒惰很容易！试一试在树上一动不动地挂5~6个小时，而且还要咀嚼树叶，你一定会很累的。现在你明白了吧，树懒并不是真的行动迟缓，它们只不过是要适应自己的生活环境！

波斯诗人欧玛尔·海亚姆说过：

慢下来的人才能理解生活。

也许，树懒已经完全理解了生活，

所以从不着急，你觉得呢？

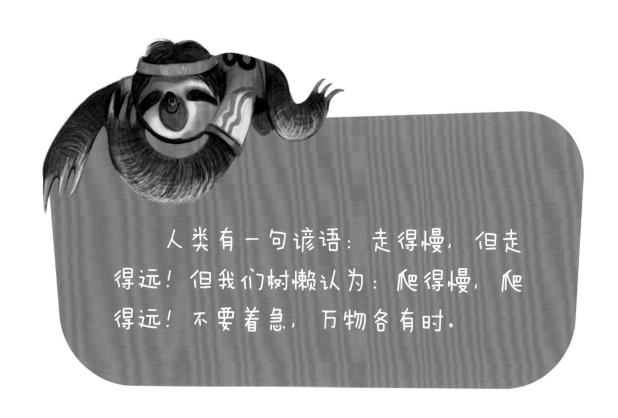

人类有一句谚语：走得慢，但走得远！但我们树懒认为：爬得慢，爬得远！不要着急，万物各有时。

再见啦！
让我们在动物园里相见吧！

动物园里的朋友们

本套书共三辑，每辑 10 册，共 30 册。明星作者以第一人称讲故事的形式，展现每个动物最与众不同、最神奇可爱的一面，介绍了每种动物的种类、生活环境、形态特征、生活习性等各方面。让孩子们足不出户也能了解新奇有趣的动物知识。

第一辑（共 10 册）

我是企鹅　我是狐狸　我是刺猬　我是老虎　我是蝙蝠　我是山羊

我是松鼠　我是狮子　我是北极熊　我是大熊猫

第二辑（共 10 册）

我是海豚　我是河马　我是猫　我是蛇　我是长颈鹿　我是驼鹿

我是蚊子　我是蝴蝶　我是浣熊　我是麋鹿

第三辑（共 10 册）

我是小熊猫　我是大象　我是长尾猴　我是斗牛犬　我是考拉　我是树懒

我是袋熊　我是蚂蚁　我是老鼠　我是臭鼬

图书在版编目（CIP）数据

　　动物园里的朋友们. 第三辑. 我是树懒 ／（俄罗斯）
安·科莫洛夫文；刘昱译. -- 南昌：江西美术出版社，
2020.11
　　ISBN 978-7-5480-7515-8

　　Ⅰ. ①动… Ⅱ. ①安… ②刘… Ⅲ. ①动物—儿童读
物②贫齿目—儿童读物 Ⅳ. ① Q95-49

　　中国版本图书馆 CIP 数据核字 (2020) 第 068241 号

版权合同登记号 14-2020-0156

Я ленивец
© Komolov A., text, 2016
© Korotchenko D., illustrations, 2016
© Publisher Georgy Gupalo, design, 2016
© OOO Alpina Publisher, 2016
The author of idea and project manager Georgy Gupalo
Simplified Chinese copyright © 2020 by Beijing Balala Culture Development Co., Ltd.
The simplified Chinese translation rights arranged through Rightol Media（本书中文简体版权经由锐拓
传媒旗下小锐取得Email:copyright@rightol.com）

出 品 人：周建森
企　　划：北京江美长风文化传播有限公司
策　　划：巴拉拉
责任编辑：楚天顺 朱鲁巍
特约编辑：石　颖 吴　迪 王　毅
美术编辑：童　磊 周伶俐
责任印制：谭　勋

动物园里的朋友们（第三辑） 我是树懒
DONGWUYUAN LI DE PENGYOUMEN (DI SAN JI) WO SHI SHULAN

［俄］安·科莫洛夫/文　［俄］德·科罗琴科/图　刘昱/译

出　　版：江西美术出版社
地　　址：江西省南昌市子安路 66 号
网　　址：www.jxfinearts.com
电子信箱：jxms163@163.com
电　　话：0791-86566274 010-82093785
发　　行：010-64926438
邮　　编：330025
经　　销：全国新华书店

印　　刷：北京宝丰印刷有限公司
版　　次：2020 年 11 月第 1 版
印　　次：2020 年 11 月第 1 次印刷
开　　本：889mm×1194mm 1/16
总 印 张：20
ISBN 978-7-5480-7515-8
定　　价：168.00 元（全 10 册）